HUODIAN GONGCHENG JIANSHE DIANXING WENTI QINGDAN

火电工程建设
典型问题清单

中国华电集团有限公司基建工程部
中国华电科工集团有限公司　编

中国电力出版社
CHINA ELECTRIC POWER PRESS

内 容 提 要

为进一步提高火电工程项目建设质量，中国华电集团有限公司基建工程部及中国华电科工集团有限公司组织行业内专家对火电工程建设过程中频发且影响工程质量的共性问题进行了分类、汇总，形成了《火电工程建设典型问题清单》一书。本书列举了火电工程建设中各专业出现的典型质量问题，内容包括问题描述、违反的标准及条款、条款内容、问题图示等，可供火电工程项目各参建方参考使用。

图书在版编目（CIP）数据

火电工程建设典型问题清单/中国华电集团有限公司基建工程部，中国华电科工集团有限公司编 . —北京：中国电力出版社，2018.8
ISBN 978-7-5198-2324-5

Ⅰ.①火… Ⅱ.①中…②中… Ⅲ.①电力工程 Ⅳ.①TM7

中国版本图书馆 CIP 数据核字（2018）第 178856 号

出版发行：中国电力出版社
地　　址：北京市东城区北京站西街 19 号
邮政编码：100005
网　　址：http：//www.cepp.sgcc.com.cn
责任编辑：刘汝青（010 - 63412382）
责任校对：黄　蓓　太兴华
装帧设计：赵姗姗
责任印制：蔺义舟

印　　刷：北京瑞禾彩色印刷有限公司
版　　次：2018 年 8 月第一版
印　　次：2018 年 8 月北京第一次印刷
开　　本：787 毫米×1092 毫米　16 开本
印　　张：6
字　　数：118 千字
印　　数：0001—3000 册
定　　价：30.00 元

中国华电集团有限公司

中国华电建函〔2018〕120号

关于印发《火电工程建设典型问题清单（第一批150条）》的通知

各有关单位：

　　为进一步提高火电工程管理水平，建设"四好工程"，更好地助推公司高质量发展，集团公司基建工程部委托华电科工总承包分公司对近年来达标投产检查中发现的共性问题进行归纳总结，形成《火电工程建设典型问题清单（第一批150条）》，现予以印发。为做好宣贯、落实工作，提出如下要求：

　　一、本清单列举了火电工程建设中有关专业发生的典型问题，并附入相关的工艺标准规范，有较强的针对性和指导性。要以问题为导向，把消除"典型问题"作为工程管理的重要抓手，贯穿于工程建设管理的全过程，采取有针对性的措施，防范与奖惩并举，最大限度地消除问题，根治顽疾，以推动工程管理水平的全面提升。

　　二、在工程管理各项策划、有关招标文件以及施工措施方案中，要对消除"典型问题"提出具体要求，制订防范和奖惩措施；在实施过程中，加强监督管理，做好效果的评价和改进工作。

　　二、集团公司将进一步强化达标投产验收的管理工作，根据工作情况适时发布典型问题清单；同时在达标投产验收时，首先要检查各专业典型问题的整治情况，判断典型问题是否得到有效控制。对于工作推动不力、问题频发的项目，将在系统范围内通报，必要时进行问题约谈，并纳入企业年度绩效考核评价中。

执行过程中的问题及时报告集团公司。

附件：火电工程建设典型问题清单（第一批 150 条）

中国华电集团有限公司基建工程部

《火电工程建设典型问题清单》
编 委 会

主　　任　罗小黔

副 主 任　段喜民　刘永红　高　西　赵　云

主　　编　杨亚东　魏泽黎

副 主 编　赵利兴　陈聪　宋光伟

参编人员　王正新　刘日娜　赵雅丽　张国志　杨淑平　徐　刚

　　　　　龙庆芝　申岳进　张成贵　张跃华　陈玉彬　周春瑞

　　　　　惠卫林　朱永富

前 言

　　为进一步提高火电工程项目建设质量，我们以近年来对在建火电工程达标投产验收检查过程中发现的问题为基本数据，运用火电工程全寿命周期基建质量大数据系统进行统计和分析，组织行业内专家对建设过程中频发、影响工程质量的共性问题进行了分类、汇总，形成了《火电工程建设典型问题清单》一书。书中列举了火电工程建设中各专业出现的典型质量问题，并根据问题性质，对所违反的相关工艺标准规范进行明示，可供火电工程项目各参建方参考使用。

编委会

二〇一八年七月

目 录

前言

一、土建篇

序号	问题描述	违反的标准及条款	条款内容	问题图示
1	消防水管道未按设计施工，采取膨胀螺栓固定铁件，影响观感质量	《火电工程达标投产验收规程》(DL 5277—2012) 第4.2.1条	土建工程质量检查验收应按表4.2.1的规定进行。10给水、排水、采暖 1) 支吊架配制安装应符合设计要求	
2	主厂房运转层消防水管道上部缺少固定支架	《建筑给水排水及采暖工程施工质量验收规范》(GB 50242—2002) 第3.3.7条	管道支、吊、托架的安装位置应正确，埋设应平整牢固；固定支架与管道接触应紧密，固定应牢靠	

序号	问题描述	违反的标准及条款	条款内容	问题图示
3	主厂房消防水管道、采暖管道未设穿墙、穿楼板套管，消防管道穿楼板未封堵	《建筑给水排水及采暖工程施工质量验收规范》（GB 50242—2002）第3.3.13条	管道穿过墙壁和楼板，应设置金属或塑料套管。安装在楼板内的套管，其顶部应高出装饰地面20mm，底部应与楼板底面相平。穿墙套管与管道之间缝隙宜用阻燃密实材料填实，且端面应光滑。管道的接口不得设在套管内	
4	主厂房零米设备基础与混凝土地面变形缝留不规范	《电力建设工程变形缝施工技术规范》（DL/T 5738—2016）第4.3.5条	地面变形缝施工应符合下列规定：混凝土地面与设备基础、柱根、坑池、沟道等连接处变形缝的宽度宜为15mm～20mm，宽窄应一致、顺直	

续表

序号	问题描述	违反的标准及条款	条款内容	问题图示
5	主厂房框架柱角损坏	《火电工程达标投产验收规程》（DL 5277—2012）表4.2.1	混凝土结构表面应无严重缺陷、污染、破损	
6	构筑物框柱埋件凹陷	《电力建设施工质量验收及评价规程　第1部分：土建工程》（DL/T 5210.1—2012）附录B　表B.3	拆模后预埋件与混凝土面的平整偏差不大于5mm	

序号	问题描述	违反的标准及条款	条款内容	问题图示
7	钢结构防火涂料涂层裂纹无检查记录	《钢结构工程施工质量验收规范》（GB 50205—2001）第 14.3.4 条	薄涂型防火涂料涂层表面裂纹宽度不应大于 0.5mm；厚涂型防火涂料涂层表面裂纹宽度不应大于 1mm	
8	消火栓系统仅取屋顶层（或水箱间内）试验消火栓或首层消火栓做试射试验	《建筑给水排水及采暖工程施工质量验收规范》（GB 50242—2002）第 4.3.1 条	室内消火栓系统安装完成后应取屋顶层（或水箱间内）试验消火栓和首层取两处消火栓做试射试验，达到设计要求为合格	

续表

序号	问题描述	违反的标准及条款	条款内容	问题图示
9	汽机基座《大体积混凝土施工方案》无混凝土氯离子含量检测报告	《大体积混凝土施工规范》(GB 50496—2009)第4.2.1条、第4.2.3条;《电力建设土建工程施工技术检验规范》(DL/T 5710—2014)第4.8.12条	配制大体积混凝土所用水泥应选用中、低热硅酸盐水泥或低热矿渣硅酸盐水泥,大体积回填土施工所用水泥其3天的水化热不宜大于240kJ/kg,7天的水化热不宜大于270kJ/kg;应选用非碱活性的粗骨料;检测试验报告的结论应按相关材料、质量标准、设计及鉴定委托要求给出明确的判定	
10	电缆沟底坡度不规范,存在积水现象	《电力建设施工技术规范 第1部分:土建结构工程》(DL 5190.1—2012)第8.6.2条	地下沟道按设计要求做好排水坡度和排水沟槽,应使沟道内积水能顺利排至沟外	

序号	问题描述	违反的标准及条款	条款内容	问题图示
11	散水未设伸缩缝，引起局部开裂	《建筑地面工程施工质量验收规范》（GB 50209—2010）第 3.0.15 条	水泥混凝土散水应设置伸缩缝，其延长米间距不得大于 10m，对日晒强烈且昼夜温差超过 15℃的地区，其延长米间距宜为 4m～6m。水泥混凝土散水、明沟和台阶等与建筑物连接处及房屋转角处应设缝处理。上述缝的宽度应为 15mm～20mm，缝内应填嵌柔性密封材料	
12	屋面排水坡度不满足规范要求，周边有积水	《屋面工程技术规范》（GB 50345—2012）第 5.7.4 条	块体材料、水泥砂浆、细石混凝土保护层表面的坡度应符合设计要求，不得有积水现象	

序号	问题描述	违反的标准及条款	条款内容	问题图示
13	主厂房屋面基础存在卷材铺贴皱褶、空鼓	《屋面工程质量验收规范》（GB 50207—2012）第 9.0.7 条	屋面工程观感质量检查应符合下列要求： 1 卷材铺贴方向应正确，搭接缝应黏结或焊接牢固，搭接宽度应符合设计要求，表面应平整，不得有扭曲、皱褶和翘边等缺陷	
14	主厂房屋面女儿墙防水层泛水高度不足	《屋面工程技术规范》（GB 50345—2012）第 4.11.14 条	女儿墙的防水构造应符合下列规定： 3 女儿墙泛水处的防水层可直接铺贴至压顶下，卷材收头应用金属压条钉压固定，并应用密封材料封严	

序号	问题描述	违反的标准及条款	条款内容	问题图示
15	主厂房屋面防水混凝土保护层分格缝纵横间距过大，易造成表面开裂	《屋面工程质量验收规范》（GB 50207—2012）第4.5.4条	用细石混凝土做保护层时，混凝土应振捣密实，表面应抹平压光，分格缝纵横间距不应大于6m。分格缝的宽度宜为10mm～20mm	
16	沉降观测无仪器检定证书，沉降观测方案未报审，未见沉降观测基准点和工作基点布置图及与所测建、构筑物距离示意图；沉降观测记录中，未体现观测仪器型号和检定情况、观测物荷载进度情况；未见等沉降曲线图	《电力工程施工测量技术规范》（DL/T 5445—2010）第4.0.3条、第5.3.4条、第11.7.7条、第11.7.8条	施工测量所使用的仪器和相关设备应定期检定，并在检定的有效期内使用。测量所使用的软件，应通过鉴定或验证。 沉降观测结束后，应根据工程需要，提交沉降观测过程曲线等有关成果资料	

序号	问题描述	违反的标准及条款	条款内容	问题图示
17	沉降观测点无保护罩、被破坏	《电力工程施工测量技术规程》（DL/T 5445—2010）第 11.7.3 条	每个标志应安装保护罩，以防撞击的相关规定	
18	沉降观测点上方有障碍物	《电力工程施工测量技术规程》（DL/T 5445—2010）第 11.7.3 条	各类标志的立尺部位应突出、光滑、唯一，宜采用耐腐蚀的金属材料；标志的埋设位置应避开雨水管、窗台线、散热器、暖水管、电器开关等有碍设标和观测的障碍物，并应视立尺需要离开墙（柱）面和地面一定距离	

序号	问题描述	违反的标准及条款	条款内容	问题图示
19	消火栓栓口朝向不正确，栓口设置在门轴处	《建筑给排水及采暖工程施工验收规范》（GB 50242—2002）第4.3.3条	箱式消火栓应栓口朝外，并不应安装在门轴侧	
20	加工的直螺纹连接丝扣个别偏短	《钢筋机械连接用套筒》（JG/T 163—2013）附录A、《钢筋机械连接技术规程》（JGJ 107—2016）第6.2.1条	直螺纹钢筋丝头加工应符合下列规定： 3 钢筋丝头长度应满足产品设计要求，极限偏差应为$0\sim2.0p$； 4 钢筋丝头宜满足$6f$级精度要求，应采用专用直螺纹量规检验	

续表

序号	问题描述	违反的标准及条款	条款内容	问题图示
21	钢筋加工检验批验收记录对钢筋牌号、规格及用量及钢筋弯钩角度、弯后平直段长度记录不全，缺乏可追溯性	《电力建设施工质量验收及评价规程 第1部分：土建工程》（DL/T 5210.1—2012）第3.0.4条	检验批的质量应有完整的施工操作依据、质量检验记录	
22	油罐区不发火地面检测报告无硬化后试件的检测报告	《建筑地面工程施工质量验收规范》（GB 50209—2010）第5.7.7条	不发火（防爆）面层的试件应检验合格	

序号	问题描述	违反的标准及条款	条款内容	问题图示
23	动力设备基础钢筋直螺纹抗疲劳试验报告缺失	《电力建设施工技术规范 第1部分：土建结构工程》（DL 5190.1—2012）第7.2.9条	钢筋连接方式应按设计要求施工，当设计无要求时不宜采用焊接接头。当直接承受动力荷载的大型动力设备基础的钢筋采用机械连接时，接头应做抗疲劳强度试验	
24	主控制室等长期有人值班房间室内环境检测报告数量缺失	《民用建筑工程室内环境污染控制规范（2013版）》（GB 50325—2010）第5.1.4条	民用建筑工程室内装修，当多次重复使用同一设计时，宜先做样板间，并对其室内环境污染物浓度进行检测	

序号	问题描述	违反的标准及条款	条款内容	问题图示
25	缺少高强螺栓复验报告、摩擦面抗滑移系数复验报告	《钢结构工程施工质量验收规范》（GB 50205—2001）第4.4.2条、第4.4.3条	高强度大六角头螺栓连接副应按本规范附录B的规定检验其扭矩系数，其检验结果应符合本规范附录B的规定；扭剪型高强度螺栓连接副应按本规范附录B的规定检验预拉力，其检验结果应符合本规范附录B的规定	
26	未提供"未使用国家技术公告中明令禁止和限制使用的技术（材料、产品）的证明"，未整理工程中使用的新型材料，未提供鉴定报告和允许使用证明	《火电工程达标投产验收规程》（DL 5277—2012）第4.2.1-25-4）-d）条	未使用国家技术公告中明令禁止和限制使用的技术（材料、产品）的证明	

序号	问题描述	违反的标准及条款	条款内容	问题图示
27	主厂房及集控楼防火门门框与墙体间未灌浆，防火门未安装闭门器	《防火卷帘、防火门、防火窗施工及验收规范》（GB 50877—2014）第 5.3.3 条、第 5.3.8 条	钢质防火门门框内应填充水泥砂浆；防火门应安装防火门闭门器	
28	主厂房和储氢站轻钢围护结构镀锌檩条采用电焊连接	《电力建设施工技术规范　第 1 部分：土建结构工程》（DL 5190.1—2012）第 10.4.9 条	镀锌檩条应采用螺栓连接	

序号	问题描述	违反的标准及条款	条款内容	问题图示
29	清水混凝土柱等结构不宜设置装饰性凹缝	《电力建设施工技术规范 第1部分：土建结构工程》（DL 5190.1—2012）第4.2.8条	模板接缝不宜设置装饰性凹槽，钢筋保护层厚度应符合设计要求	
30	集中控制室的烟雾探测器距出风口的距离小于1.5m	《火灾自动报警系统施工及验收规范》（GB 50166—2007）第3.4.1条	点型感烟火灾探测器至空调送风口最近边的距离不应小于1.5m	

序号	问题描述	违反的标准及条款	条款内容	问题图示
31	建筑外墙涂料起皮脱落	《建筑装饰装修工程质量验收规范》（GB 50210—2001）第10.2.4条	水性涂料涂饰工程应涂饰均匀、黏结牢固，不得漏涂、透底、起皮和掉粉	
32	室外直梯安装不规范	《固定式钢梯及平台安全要求 第1部分：钢直梯》（GB 4053.1—2009）第5.7.6条	护笼底部距梯段下端基准面应不小于2100mm，不大于3000mm；在室外安装的钢直梯和连接部分的雷电保护，连接和接地附件应符合GB 50057相关规定	

序号	问题描述	违反的标准及条款	条款内容	问题图示
33	室外混凝土雨篷下方未设滴水线	《建筑装饰装修工程质量验收规范》（GB 50210—2001）第4.2.10条	有排水要求的部位应做滴水线（槽）	

二、锅炉篇

序号	问题描述	违反的标准及条款	条款内容	问题图示
1	锅炉燃油系统操作台阀门存在渗油	《电力建设施工技术规范 第2部分：锅炉机组》（DL 5190.2—2012）第13.2.2.10条	燃油管道已完成通油试验；系统严密不漏，油温、油压应符合要求	
2	锅炉燃油系统燃油操作台阀门未安装防静电跨接线	《电力建设施工技术规范 第2部分：锅炉机组》（DL 5190.2—2012）第9.1.9条	阀门法兰或其他非焊接方式的连接处应有可靠的防静电跨接	

序号	问题描述	违反的标准及条款	条款内容	问题图示
3	易燃易爆介质管道阀门无跨接或跨接不规范	《电力建设安全工作规程 第1部分：火力发电》（DL 5009.1—2014）第4.5.5.16条	输送易燃易爆介质的金属管道应可靠接地；不能保持良好电气接触的阀门、法兰等管道连接处，应有可靠的电气连接跨接线	
4	管道穿越锅炉平台预留孔不足，影响管道膨胀	《电力建设施工技术规范 第2部分：锅炉机组》（DL 5190.2—2012）第6.1.3条	现场自行布置的管道和支吊架应符合下列要求： 1. 管道布置宜有二次设计，走向合理短捷，疏水坡度规范，膨胀补偿满足管系膨胀要求	

序号	问题描述	违反的标准及条款	条款内容	问题图示
5	管道保温后与钢架相碰，影响管道膨胀	《电力建设施工技术规范 第2部分：锅炉机组》（DL 5190.2—2012）第6.1.3条	现场自行布置的管道和支吊架应符合下列要求： 1. 管道布置宜有二次设计，走向合理短捷，疏水坡度规范，膨胀补偿满足管系膨胀要求	
6	锅炉吹灰蒸汽母管滑动支架膨胀受阻	《电力建设施工技术规范 第2部分：锅炉机组》（DL 5190.2—2012）第6.1.3条	现场自行布置的管道和支吊架应符合下列要求： 2. 支吊架应布置合理，安装牢固，应能保证管系膨胀自由、整齐美观	

序号	问题描述	违反的标准及条款	条款内容	问题图示
7	膨胀指示器安装指针不在零位或膨胀指示器安装不规范，无法监测	《电力建设施工技术规范第2部分：锅炉机组》（DL 5190.2—2012）第5.1.18条	膨胀指示器安装必须符合厂家图纸要求，应安装牢固、布置合理、指示正确	
8	锅炉水平烟道底部刚性梁、锅炉炉墙人孔门、二次风箱膨胀节处刚性梁保温处理不当，造成局部超温	《火力发电厂热力设备及管道保温防腐施工技术规范》（DL 5714—2014）第7.0.4条	当环境温度不高于27℃时，设备及管道保温外表面温度不应超过50℃；当环境温度高于27℃时，设备及管道保温外表面温度不应比环境温度高出25℃	

序号	问题描述	违反的标准及条款	条款内容	问题图示
9	锅炉支吊架花篮螺母的锁紧螺母安装不正确，吊架吊杆螺扣未高出花篮螺母螺孔内端面15mm，未能起到锁紧效果	《火力发电厂管道支吊架验收规程》（DL/T 1113—2009）第5.2.7条	吊杆与花篮螺母连接时应留有调整余量，吊杆螺纹端头一般应至少高出花篮螺母螺孔内端面15mm。支吊架生根螺栓、吊杆连接螺栓和花篮螺母等连接件应在支吊架调整后用锁紧螺母锁紧	
10	锅炉吊架锁紧螺母未紧固到位	《火力发电厂管道支吊架验收规程》（DL/T 1113—2009）第10.1.3条	螺纹部件上的锁紧螺母、开口销、临时锁定装置锁紧装置均应正确锁定	

序号	问题描述	违反的标准及条款	条款内容	问题图示
11	锅炉综合管架上燃油管道、辅助蒸汽管道滑动支架底部未安装聚四氟乙烯板或滑动支架聚四氟乙烯板脱落	《火力发电厂管道支吊架验收规程》（DL/T 1113—2009）第9.3.2条	安装时，应保证上、下滑动面表面清洁、无杂物、无伤痕，并使管道支座在冷、热态条件下完全覆盖聚四氟乙烯板	
12	锅炉汽水管道和烟风道吊架倾斜	《火力发电厂管道支吊架验收规程》（DL/T 1113—2009）第10.3.4条	横担型并联支吊架不应出现横担偏斜或两侧受载不均现象	

序号	问题描述	违反的标准及条款	条款内容	问题图示
13	锅炉钢结构高强螺栓连接部位在高强螺栓终拧后未及时防腐,缝隙未用腻子进行填充	《电力建设施工技术规范 第 2 部分:锅炉机组》(DL 5190.2—2012)第 4.3.9 条	一层(段)钢架高强螺栓的终拧宜在同一天内完成。完成终拧后对接头部位应及时防腐,接头部位的局部缝隙应填补腻子封堵	
14	锅炉炉顶热罩缺少安全围栏	《电力建设施工技术规范 第 2 部分:锅炉机组》(DL 5190.2—2012)第 4.5.6 条	需要上人的炉顶大罩壳顶部应装设安全围栏	

序号	问题描述	违反的标准及条款	条款内容	问题图示
15	锅炉安全阀排气管疏水盘未加装上盖，安全阀动作会有高温蒸汽排出，有烫伤人员风险	《电厂动力管道设计规范》（GB 50764—2012）第8.2.6条	开式排放安全阀排放管的布置必须避免在疏水盘处发生蒸汽反喷。如果不能满足这些要求，应修改排放管的布置或者规格	
16	露天管道保温外护板纵向接缝筋线布置在管道顶部，部分露天阀门无可靠防雨措施	《电力建设施工技术规范　第2部分：锅炉机组》（DL 5190.2—2012）第12.6.1.3条	管道、设备外护平板安装时，水平管道纵向接缝筋线应布置在管道水平中心线下方15°～45°处，且搭口方向应朝下，露天设备及管道保温外护板开口处应采取可靠防雨措施	

序号	问题描述	违反的标准及条款	条款内容	问题图示
17	管道保温成品保护不当、阀门检修后保温未恢复	《电力建设施工技术规范 第2部分：锅炉机组》（DL 5190.2—2012）第12.1.10条	设备及管道保温、防腐安装中，应采取有效的保护措施，防止成品被污染或损坏	
18	锅炉平台、主要设备缺少标高或载荷标识，平台指示不完善	《火力发电企业生产安全设施配置》（DL/T 1123—2009）第5.2.2条	锅炉运转层及锅炉本体各层平台醒目位置，应装设标注标高、荷重的标志牌	

序号	问题描述	违反的标准及条款	条款内容	问题图示
19	部分楼梯平台晃动现象严重	《电力建设施工技术规范 第2部分：锅炉机组》（DL 5190.2—2012）第4.3.17条	平台、梯子、栏杆和围板等安装后应平直牢固，接头处应光滑	

三、汽机篇

序号	问题描述	违反的标准及条款	条款内容	问题图示
1	汽轮机事故排油阀门未加玻璃护罩，汽轮机事故排油阀安装位置距离油箱不足5m	《电力建设施工质量验收及评价规程 第3部分：汽轮发电机组》（DL/T 5210.3—2009）第4.5.7条	事故排油阀的操作手轮应设在距油箱5m以外的地方，并有2个以上的通道。手轮应设玻璃保护罩。阀门应有明确的开关方向标志，应采用明杆阀门，不得采用反向阀门	
2	汽轮机附属机械地脚螺栓无防松脱措施，电机地脚螺栓未露出丝扣且未防腐	《电力建设施工技术规范 第3部分：汽轮发电机组》（DL 5190.3—2012）第9.2.6.4条	地脚螺栓的螺母与垫圈、垫圈与底座应接触良好，并采取防松措施。地脚螺栓终拧后螺栓端部宜露出螺母2个～3个螺距	

序号	问题描述	违反的标准及条款	条款内容	问题图示
3	支吊架与不锈钢管道之间缺少不锈钢垫片或垫片安装不规范	《电力建设施工技术规范 第5部分：管道及系统》（DL 5190.5—2012）第5.3.4条	不锈钢管道及管件的储存、搬运、安装不应与铁素体材料直接接触，不锈钢管道与支吊架之间应垫入不锈钢垫片或氯离子含量不超过50mg/kg的非金属材料	
4	厂房管道等穿墙管道，未按规范使用穿墙套管	《电力建设施工技术规范 第5部分：管道及系统》（DL 5190.5—2012）第5.1.1.5条	管道在穿过墙壁、楼板时，穿墙处应有套管	

序号	问题描述	违反的标准及条款	条款内容	问题图示
5	未见汽轮机合金保温钉光谱复查报告	《电力建设施工技术规范 第3部分：汽轮发电机组》（DL 5190.3—2012）第3.1.9条	设备中的零部件和紧固件安装前应按规定的范围和比例进行光谱、无损探伤、金相、硬度等检验，并与制造厂图纸和相关标准相符	
6	支吊架缺少锁紧螺母，且底部螺杆丝扣露出过长	《电力建设施工技术规范 第5部分：管道及系统》（DL 5190.5—2012）第5.7.12条	支吊架调整后，螺杆应露出连接件2个～3个螺距以上，锁紧螺母应锁紧	

序号	问题描述	违反的标准及条款	条款内容	问题图示
7	吊架吊杆螺纹未高出花篮螺母螺孔内端面 15mm 或上下吊杆在花篮螺母内顶死	《火力发电厂管道支吊架验收规程》（DL/T 1113—2009）第 9.1.9 条	吊杆与花篮螺母连接时应留有调整余量，吊杆螺纹端头一般应至少高出花篮螺母螺孔内端面 15mm。支吊架生根螺栓、吊杆连接螺栓和花篮螺母等连接件应在支吊架调整后用锁紧螺母锁紧	
8	管道个别吊架吊杆锁紧螺母松动	《火力发电厂管道支吊架验收规程》（DL/T 1113—2009）第 10.1.3 条	螺纹部件上的锁紧螺母、开口销、临时锁定装置以及恒力支吊架和变力弹簧支吊架的锁定装置均应正确锁定	

序号	问题描述	违反的标准及条款	条款内容	问题图示
9	第三方沉降监测工作方案或沉降监测报告中未设置汽机平台观测点，与汽机平台现场布置的沉降点不符；汽机平台养护期至今未做沉降观测，且平台已加载荷	《电力建设施工技术规范　第3部分：汽轮发电机组》（DL 5190.3—2012）第4.2.2条	本体基础沉降观测在以下阶段进行： 1　基础养护期满后，应首次测定并作为原始数据； 2　汽轮机汽缸、发电机定子就位前后； 3　汽轮机和发电机二次灌浆； 4　整套试运行前后	
10	主厂房汽机平台沉降观测点未按照规范保护	《火电工程项目质量管理规程》（DL/T 1144—2012）第9.3.11条	应采取必要的成品防护措施，防止施工过程中设备、材料的损坏	

序号	问题描述	违反的标准及条款	条款内容	问题图示
11	辅机单轨吊轨道限位器未加缓冲垫、个别轨道限位器安装位置不合理	《火力发电厂职业安全设计规程》（DL 5053—2012）第6.8.1.6条	起吊设施应设置起升高度限位器、运行行程限位器、防碰撞装置、缓冲器或端部止挡，必要时应设置幅度限位器、幅度指示器、回转锁定装置等安全装置；还应设置起重量限制器、起重力矩限制器和极限力矩限制装置等防超载的安全装置	
12	厂房特种消防喷淋水管与给水泵汽轮机回油管贴在一起	《电力建设施工技术规范　第3部分：汽轮发电机组》（DL 5190.3—2012）第6.1.4.5条	油管与基础、设备、管道或其他设施应留有膨胀间距，保证运行时不妨碍汽轮机和油管自身的热膨胀；与存在胀缩位移的设备部件、管道连接的小油管应符合膨胀补偿规定	

序号	问题描述	违反的标准及条款	条款内容	问题图示
13	汽轮机低旁管道保温外护距离套装油管道外壁间距小于150mm	《电力建设施工技术规范 第3部分：汽轮发电机组》（DL 5190.3—2012）第6.1.4.6条	油管外壁与蒸汽管道保温层外表面应有不小于150mm的净距，距离不能满足时应加隔热板。运行中存有静止油的油管应有不小于200mm的净距，在主蒸汽管道及闸门附近的油管不宜设置法兰、活接头	
14	汽机房高旁、低旁管道支吊架弹性吊架吊杆角度大于4°	《电力建设施工技术规范 第5部分：管道及系统》（DL 5190.5—2012）第5.7.9条	在有热位移的管道上安装支吊架时，根部支吊点的偏移方向应与膨胀方向一致；偏移值应为冷位移值和1/2热位移值的矢量和。热态时，刚性吊杆倾斜值允许偏差为3°，弹性吊杆倾斜值允许偏差为4°	

序号	问题描述	违反的标准及条款	条款内容	问题图示
15	供氢站氢系统管路阀门静电跨接线不规范	《电力建设安全工作规程 第1部分：火力发电》（DL 5009.1—2014）第4.5.5.16条	输送易燃易爆介质的金属管道应可靠接地，不能保持良好电气接触的阀门、法兰等管道连接处，应有可靠的电气连接跨接线	
16	轴加管道滑动支座聚四氟乙烯板未完全覆盖或支架下部未加装四氟乙烯板	《火力发电厂管道支吊架验收规程》（DL/T 1113—2009）第9.3.2条	对于带聚四氟乙烯板的滑动支架或导向支架的安装，宜在焊接工作结束后再装聚四氟乙烯板，严禁焊接电弧或火焰直接烧烤聚四氟乙烯板。安装时，应保证上、下滑动面表面洁净、无杂物、无伤痕，并使管道支座在冷、热态条件下完全覆盖聚四氟乙烯板	

序号	问题描述	违反的标准及条款	条款内容	问题图示
17	管道滑动支座聚四氟乙烯板与支架之间有间隙	《电力建设施工技术规范 第5部分：管道及系统》（DL 5190.5—2012）第5.7.6条	聚四氟乙烯板与支架应接触良好	
18	管道个别吊架穿杆螺栓螺纹部位承载	《火力发电厂管道支吊架验收规程》（DL/T 1113—2009）第5.2.7.6条	除设计另有规定外，受纯剪载荷的螺栓，其承载部分不应有螺纹	

序号	问题描述	违反的标准及条款	条款内容	问题图示
19	除氧器层安全阀排汽管道未保温	《火力发电厂保温油漆设计规程》（DL/T 5072—2007）第5.0.2条	需要防止烫伤人员的部位应在下列范围内设置防烫伤保温： 1 管道距地面或平台的高度小于2100mm； 2 靠操作平台水平距离小于750mm	
20	高压主汽管道保温表面超温	《火力发电厂热力设备及管道保温防腐施工技术规范》（DL 5714—2014）第7.0.4条	热力设备及管道保温外表面温度热态测量应符合下列规定： 1 当环境温度不高于27℃时，设备与管道保温结构外表面温度不应超过50℃；当环境温度高于27℃时，保温结构外表面温度不应比环境温度高出25℃	

序号	问题描述	违反的标准及条款	条款内容	问题图示
21	汽机房消防水管路支吊架管卡安装不规范	《电力建设施工技术规范 第5部分：管道及系统》（DL 5190.5—2012）第5.7.12条	支吊架调整后，螺杆应露出连接件2个～3个螺距以上，锁紧螺母应锁紧	
22	给水泵电机安装找正定位调整螺栓未松开，影响膨胀	《电力建设施工技术规范 第3部分：汽轮发电机组》（DL 5190.3—2012）第9.2.8条	底座带有调整螺钉的附属机械安装时应符合不作为永久性支撑的调整螺钉，找平、找正后，在设备的底座下部应用垫铁垫实，然后再把调整螺钉松开	

序号	问题描述	违反的标准及条款	条款内容	问题图示
23	四大管道现场焊口保温罩壳外未标识或标识不全，不便于金属监督检查	《火力发电厂金属技术监督规程》（DL/T 438—2016）第 7.1.23 条	管道保温层表面应有焊缝位置的标志	
24	机组整套启动前弹性支吊架销子未抽出	《电力建设施工技术规范 第 5 部分：管道及系统》（DL 5190.5—2012）第 5.7.10 条	支吊架应在管道系统安装、严密性试验、保温结束后进行调整，并将弹性支吊架固定销全部自然抽出	

序号	问题描述	违反的标准及条款	条款内容	问题图示
25	阀门标志牌采用铁丝绑扎悬挂	《火力发电企业生产安全设施配置》（DL/T 1123—2009）第5.7.2条	阀门标志牌可采用圆形标志牌，固定于手轮中部；或采用带三角顶部矩形标志牌，安装于阀体连接支架处	
26	管道介质名称和介质流向标识不规范	《火力发电企业生产安全设施配置》（DL/T 1123—2009）第5.7.1条	管道弯头、穿墙处及管道密集、难以辨认的部位，应涂刷介质名称及介质流向箭头；10m以上的长管道宜每10m标注一次介质名称及介质流向	

序号	问题描述	违反的标准及条款	条款内容	问题图示
27	小口径管道设计及安装不规范，固定随意，没有考虑膨胀变形，未按设计压力值从高到低、由远而近朝向疏水扩容器排放	《电力建设施工技术规范　第5部分：管道及系统》（DL 5190.5—2012）第5.4条	疏、放水管道安装时，接管座安装应符合设计要求，疏、放水管接入疏、放水母管处宜按介质流动方向倾斜30°或45°，若将不同压力的疏水管接入同一母管内应按压力等级由高到低、由外至内的顺序排列	
28	循环水管与穿墙套管直接接触，安装不规范	《电力建设施工技术规范　第5部分：管道及系统》（DL 5190.5—2012）第5.3.3条	管道与套管的空隙应按设计要求填塞。当设计无明确要求时，应采用不燃烧软质材料	

续表

序号	问题描述	违反的标准及条款	条款内容	问题图示
29	汽封冷却器垫铁露出过多，安装不规范	《电力建设施工技术规范　第3部分：汽轮发电机组》（DL 5190.3—2012）第9.2.5条	垫铁宜伸出底座边缘10mm～20mm	
30	给水泵汽轮机地脚螺栓未点焊，且有施工遗留物	《电力建设施工技术规范　第3部分：汽轮发电机组》（DL 5190.3—2012）第4.3.6条	地脚螺栓的安装： 3　螺栓下端的垫板应平整，与基础接触应密实，螺母应锁紧并点焊牢固；螺栓最终紧固后应有防松脱措施。生产区域环境整洁，无施工遗留物	

序号	问题描述	违反的标准及条款	条款内容	问题图示
31	设备成品保护不到位	《电力建设施工技术规范 第3部分：汽轮发电机组》（DL 5190.3—2012）第3.1.12条；《火电工程项目质量管理规程》（DL/T 1144—2012）第9.3.11条	安装就位的设备应加强成品保护，防止设备在安装期间损伤、锈蚀、冻裂；经过试运行的主要设备，应根据制造厂对设备的有关要求，制定维护保养措施，经监理审定后，妥善保管	
32	恒力吊架无状态指示标识	《火力发电厂管道支吊架验收规程》（DL/T 1113—2009）第5.4.2条	恒力支吊架应有载荷和位移指示牌以及"冷""热"态位置标记，并应有锁定装置及防止过行程或脱载的限位装置。恒力支吊架的荷载指示牌应有荷载调节量的刻度	

四、电气篇

序号	问题描述	违反的标准及条款	条款内容	问题图示
1	金属电缆保护管无明显接地	《电气装置安装工程 接地装置施工及验收规范》(GB 50169—2016)第3.0.4条	电气装置的下列金属部分,均必须接地: 6 电力电缆的金属护层、接头盒、终端头和金属保护管及二次电缆的屏蔽层	
2	厂房建构筑物避雷引下线连接处未设断接卡,连接不规范	《电气装置安装工程 接地装置施工及验收规范》(GB 50169—2016)第4.6.1-3条	构筑物上的防雷设施接地线,应设置断接卡	

序号	问题描述	违反的标准及条款	条款内容	问题图示
3	中小型电动机接地装置采用接地扁钢硬接线方式接地	《中小型旋转电机通用安全要求》（GB 14711—2013）第 9.7 条	保护接地导体应有足够的韧性，应能承受电机振动应力，并对其应有适当的保护措施，防止在电机使用和安装时产生危险，应统一采用专用黄绿铜接地线过渡方式接地	
4	变压器中性点接地开关底座未跨接接地，垂直连杆部分未涂黑色油漆	《电气装置安装工程高压电器施工及验收规范》（GB 50147—2010）第 8.3.1 - 10 条、第 8.2.5 - 7 条	隔离开关、接地开关底座及垂直连杆、接地端子及操动机构箱应接地可靠。 隔离开关、接地开关平衡弹簧应调整到操作力矩最小并加以固定；接地开关垂直连杆上应涂以黑色油漆标识	

续表

序号	问题描述	违反的标准及条款	条款内容	问题图示
5	避雷针及接地引下线检查签证、独立避雷针接地电阻测试记录不全	《电气装置安装工程接地装置施工及验收规范》（GB 50169—2016）第5.0.2条	在交接验收时，应提交接地器材、降阻材料及新型接地装置检测报告及质量合格证明；接地测试记录及报告，其内容应包括接地电阻测试、接地导通测试等	
6	电缆桥架接地未按每隔20m～30m应与接地干线接地连接	《电气装置安装工程接地装置施工及验收规范》（GB 50169—2016）第4.3.8.2条	沿电缆桥架敷设铜绞线、镀锌扁钢及利用沿桥架构成电气通路的金属构件，如安装托架用的金属构件作为接地网时，电缆桥架接地时应符合下列规定： 1 电缆桥架全长不大于30m时，与接地网相连不应少于2处。 2 全长大于30m时，应每隔20m～30m增加与接地网的连接点	

序号	问题描述	违反的标准及条款	条款内容	问题图示
7	电动头未接地	《电气装置安装工程 接地装置施工及验收规范》（GB 50169—2016）第 3.0.4 - 11 条	电气装置电热设备的金属外壳均必须接地	
8	控制、保护屏内有控制电缆的屏蔽层接在直接接地铜排，未按规定接至等电位铜排	《电气装置安装工程接地装置施工及验收规范》（GB 50169—2016）第 4.9.5 条	控制等二次电缆的屏蔽层应接至等电位接地网	

序号	问题描述	违反的标准及条款	条款内容	问题图示
9	检修箱、照明箱等就地配电控制箱未明显接地	《电气装置安装工程 接地装置施工及验收规范》（GB 50169—2016）第 4.2.10 - 7 条	电气设备的机构箱、汇控柜（箱）、接线盒、端子箱等，以及电缆金属保护管（槽盒），均应接地明显、可靠	
10	主厂房保护室电缆夹层内，等电位接地铜排与电缆桥架连接在一起，造成了等电位接地网与主接地网混接	《电气装置安装工程 接地装置施工及验收规范》（GB 50169—2016）第 4.9.1 条	装有微机型继电保护及安全自动装置的 110kV 及以上电压等级的变电站或发电厂应敷设等电位接地网。等电位接地网应符合下列规定： 1 装设保护和控制装置的屏柜地面下设置的等电位接地网宜用截面积不小于 100mm² 的接地铜排连接成首末可靠连接的环网，并应用截面积不小于 50mm²、不少于 4 根铜缆与厂、站的接地网一点直接连接	

序号	问题描述	违反的标准及条款	条款内容	问题图示
11	户外设备线夹、避雷器均压环最低处无排水孔	《电气装置安装工程母线装置施工及验收规范》（GB 50149—2010）第3.5.11条；《电气装置安装工程 高压电器施工及验收规范》（GB 50147—2010）第9.2.9条	软导线与设备线夹连接时，应符合下列规定： 3 室外易积水的线夹应设置排水孔。 均压环应无划痕、毛刺，安装应牢固、平整、无变形；在最低处宜打排水孔	
12	主变压器、高压厂用变压器事故放油阀未装弯头，堵板为钢板，未更换成玻璃堵板（玻璃堵板需有密封圈），不能满足紧急操作排油	《电力变压器运行规程》（DL/T 572—2010）第3.2.1条	释压装置的安装应保证事故喷油畅通，并且不致喷入电缆沟、母线及其他设备上，必要时应予遮挡。事故放油阀应安装在变压器下部，且放油口朝下	

序号	问题描述	违反的标准及条款	条款内容	问题图示
13	变压器呼吸器油封油位过低	《电气装置安装工程 电力变压器、油浸电抗器、互感器施工及验收规范》（GB 50148—2010）第4.8.11条	吸湿器与储油柜间连接管的密封应严密，吸湿剂应干燥，封油位应在油面线上	
14	气体继电器观察窗盖未开启	《电气装置安装工程 电力变压器、油浸电抗器、互感器施工及验收规范》（GB 50148—2010）第4.8.9条	气体继电器的安装应符合下列规定： 6 观察窗的挡板应处于打开位置	

序号	问题描述	违反的标准及条款	条款内容	问题图示
15	户外变压器气体继电器、油流继电器、压力释放阀未加装防雨罩	国家能源局《防止电力生产事故的二十五项重点要求》第 12.3.2 条	变压器本体保护应加强防雨、防震措施，户外布置的压力释放阀、气体继电器和油流速动继电器应加装防雨罩	
16	启备变压器投运后变压器油色谱分析中 H_2 含量过大	《变压器油中溶解气体分析和判断导则》（DL/T 722—2014）第 9.3.1 条	运行中设备内部油中气体含量超过表 7 和表 8 所列数值时，应引起注意；变压器和电抗器中氢的气体组分：330kV 及以上或 220kV 及以下均应小于 $150\mu L/L$	

续表

序号	问题描述	违反的标准及条款	条款内容	问题图示
17	接地母线螺栓、高压厂用变压器中性点电阻柜底部接地螺栓，接触面不应有防腐涂层	《电气装置安装工程母线装置施工及验收规范》（GB 50149—2010）第 3.1.12 条	母线在下列处不应涂刷相色： 1 母线的螺栓连接处及支撑点处、母线与电器的连接处，以及距所有连接处 10mm 以内的地方； 2 供携带式接地线连接用的接触面上，以及距接触面长度为母线的宽度或直径的地方，且不应小于 50mm	
18	蓄电池室有通往相邻配电室门窗及孔洞	《电力工程直流电源系统设计技术规程》（DL/T 5044—2014）第 8.1.9 条	蓄电池室不应有与蓄电池无关的设备和通道。与蓄电池室相邻的直流配电间、电气配电间、电气继电器室的隔墙不应留有门窗及孔洞	

序号	问题描述	违反的标准及条款	条款内容	问题图示
19	蓄电池未根据已有充放电记录补充绘制整组蓄电池的充放电特性曲线	《电气装置安装工程 蓄电池施工及验收规范》（GB 50172—2012）第4.2.7条	在整个充放电期间，应按规定时间记录每个蓄电池的电压、表面温度和环境温度及整组蓄电池的电压、电流，并应绘制整组充放电特性曲线	
20	蓄电池引出线无极性标识或标识错误	《电气装置安装工程 蓄电池施工及验收规范》（GB 50172—2012）第4.1.4条	蓄电池组的引出电缆的敷设应符合《电气装置安装工程 电缆线路施工及验收规范》（GB 50168）的有关规定。电缆引出线正、负极的极性及标识应正确，正极应为赭色，负极应为蓝色	

火电工程建设典型问题清单

序号	问题描述	违反的标准及条款	条款内容	问题图示
21	蓄电池接线端子未设置汇流排、无汇流排保护罩，随意对接及缠绕绝缘胶带	《电气装置安装工程 蓄电池施工及验收规范》（GB 50172—2012）第4.1.4条	正、负极引出电缆不应直接连接到极柱上，应采用过渡板连接。电缆接线端子处应有绝缘防护罩	
22	辅助车间及厂区电缆通道上防火阻燃段设置不足，尤其在进出辅助车间厂房处、电缆竖井出口等未做防火封堵	《电气装置安装工程 电缆线路施工及验收规范》（GB 50168—2006）第7.0.2条	电缆的防火阻燃尚应采取下列措施： 1 在电缆穿过竖井、墙壁、楼板或进入电气盘、柜的孔洞处，用防火堵料密实封堵； 2 在重要的电缆沟和隧道中，按要求分段或用软质耐火材料设置阻火墙	

序号	问题描述	违反的标准及条款	条款内容	问题图示
23	主厂房电缆桥架与主汽管道距离过近	《电气装置安装工程 电缆线路施工及验收规范》（GB 50168—2006）第5.2.4条	电缆与热力管道、热力设备之间的净距，平行时应不小于1m，交叉时应不小于0.5m，当受条件限制时，应采取隔热保护措施。电缆通道应避开锅炉的看火孔和制粉系统的防爆门；当受条件限制时，应采取穿管或封闭槽盒等隔热防火措施。电缆不宜平行敷设于热力设备和热力管道的上部	
24	电缆桥架上防火包不密实，未做有效阻火隔断；电缆桥架至室内穿墙处防火封堵不严密	《电气装置安装工程 电缆线路施工及验收规范》（GB 50168—2006）第7.0.2条、第7.0.9条	电缆的防火阻燃可采取下列措施： 1 在电缆穿过竖井、墙壁、楼板或进入电气盘、柜的孔洞处，用防火堵料密实封堵； 4 在电力电缆接头两侧及相邻电缆2m～3m长的区段施加防火涂料或防火包带。必要时采用高强度防爆耐火槽盒进行封闭；阻火包的堆砌应密实牢固、外光整齐，不应透光	

续表

序号	问题描述	违反的标准及条款	条款内容	问题图示
25	电缆夹层电缆敷设不规范，电缆分布不均，中间层桥架电缆太满	《电气装置安装工程电缆线路施工及验收规范》（GB 50168—2006）第5.4.3条	电缆在支架上的敷设应符合下列规定： 1 控制电缆在普通支架上，不宜超过2层；桥架上不宜超过3层。 2 交流三芯电力电缆，在普通支吊架上不宜超过1层，桥架上不宜超过2层	
26	电缆未挂标识牌	《电气装置安装工程电缆线路施工及验收规范》（GB 50168—2006）第8.0.1条	工程验收时应进行下列检查： 1 电缆规格应符合设计要求。排列整齐，无机械损伤；标识牌应装设齐全、正确、清晰	

序号	问题描述	违反的标准及条款	条款内容	问题图示
27	控制、保护屏内备用芯线未处理，无标识、芯线裸露、未封头	《电气装置安装工程盘、柜及二次回路结线施工及验收规范》（GB 50171—2012）第 6.0.4 条	芯线接线应牢固、排列整齐，并留有适当裕度；备用芯线应引至盘、柜顶部或线槽末端，并标明备用标识，芯线导体不得外露	

五、热工篇

序号	问题描述	违反的标准及条款	条款内容	问题图示
1	仪表检验过期，仪表检定合格标识粘贴不规范	《电力建设施工技术规范　第4部分：热工仪表及控制装置》（DL 5190.4—2012）第4.1.4条	仪表安装前应进行检查、检定。仪表应有标明测量对象、用途和编号的标识牌；就地仪表应在表壳右侧、盘表应在表背面粘贴计量检定合格标签	
2	厂房仪表架排污槽引出管施工不规范，污水直排地面造成污染	《电力建设施工技术规范　第4部分：热工仪表及控制装置》（DL 5190.4—2012）第7.1.15条	排污阀门下应装有排水槽和排水管并引至地沟	

序号	问题描述	违反的标准及条款	条款内容	问题图示
3	燃油流量计不接地	《电气装置安装工程 爆炸和火灾危险环境电气装置施工及验收规范》（GB 50257—2014）第7.1.1条	在爆炸危险环境的电气设备的金属外壳、金属构架、安装在已接地的金属结构上的设备、金属配线管及其配件、电缆保护管、电缆的金属护套等非带电的裸露金属部分，均应接地	
4	露天安装的执行机构防雨措施不规范	《电力建设施工技术规范 第4部分：热工仪表及控制装置》（DL 5190.4—2012）第4.5.3条	执行机构应安装牢固，动作时无晃动，其安装位置应便于操作和检修，不妨碍通行，不受汽水浸蚀和雨淋	

序号	问题描述	违反的标准及条款	条款内容	问题图示
5	压力防堵取样装置引出管未向上引出	《电力建设施工技术规范 第4部分：热工仪表及控制装置》（DL 5190.4—2012）第7.1.10条	测量粉、煤、灰、气体介质的导管应从防堵装置处向上引出，高度不宜小于600mm，其连接接头的孔径不应小于导管内径	
6	无合金钢部件、取源管安装后光谱分析仪复查合格报告	《电力建设施工技术规范 第4部分：热工仪表及控制装置》（DL 5190.4—2012）第3.1.6条	合金钢部件、取源管安装前后，必须经光谱分析复查合格，并应做记录	

序号	问题描述	违反的标准及条款	条款内容	问题图示
7	仪表架不锈钢仪表管未用不锈钢垫片隔离	《自动化仪表工程施工及质量验收规范》(GB 50093—2013)第8.1.17条	不锈钢管固定时,不应与碳钢材料直接接触。不锈钢管与支架、固定卡子之间宜加设隔离垫板	
8	控制、保护屏内备用芯线未处理,无标识、芯线裸露、未封头	《电力建设施工技术规范 第4部分:热工仪表及控制装置》(DL 5190.4—2012)第6.5.3条	盘、柜内的电缆芯线,应垂直或水平有规律地整齐排列,备用芯长度应至最远端子处,并宜有标识,且芯线导体不得外露	

序号	问题描述	违反的标准及条款	条款内容	问题图示
9	控制、保护屏内有控制电缆的屏蔽层接在接地铜排，未接至等电位铜排	《电气装置安装工程　接地装置施工及验收规范》(GB 50169—2016) 第4.9条	保护和控制装置的屏柜内下部应设有截面积不小于100mm² 的接地铜排，屏柜内装置的接地端子应用截面积不小于4mm² 的多股铜线和接地铜排相连，接地铜排应用截面积50mm² 的铜排或铜缆与地面下的等电位接地母线相连	
10	DCS总接地无防护，螺栓锈蚀，接地总干线与接地体之间未焊接	《自动化仪表工程施工及质量验收规范》(GB 50093—2013) 第10.2.16条	接地总干线与接地体之间应采用焊接	

序号	问题描述	违反的标准及条款	条款内容	问题图示
11	电缆桥架上防火包不密实，未做有效阻火隔断；电缆桥架至室内穿墙处防火封堵不严密	《电气装置安装工程 电缆线路施工及验收规范》（GB 50168—2006）第 7.0.2 条、第 7.0.9 条	电缆的防火阻燃可采取下列措施： 1 在电缆穿过竖井、墙壁、楼板或进入电气盘、柜的孔洞处，用防火堵料密实封堵；阻火包的堆砌应密实牢固、外光整齐，不应透光	
12	仪表排污槽无视窗	《电力建设施工技术规范 第4部分：热工仪表及控制装置》（DL 5190.4—2012）第 7.1.15 条	管路的排污阀门应装设在便于操作和检修的地方，其排污情况应能监视	

序号	问题描述	违反的标准及条款	条款内容	问题图示
13	电动执行器手轮无开关方向标识	《电力建设施工技术规范 第4部分：热工仪表及控制装置》（DL 5190.4—2012）第4.5.11条	执行机构应有明显的开关方向标识，其手轮操作方向的规定应一致，宜顺时针为"关"、逆时针为"开"	
14	电缆桥架引出金属软管（电缆保护管）施工不规范	《电力建设施工技术规范 第4部分：热工仪表及控制装置》（DL 5190.4—2012）第6.2.6-4条	电缆保护管与电缆桥架、电线槽连接，宜从其侧面用机械加工方法开孔，并应使用专用接头固定	

序号	问题描述	违反的标准及条款	条款内容	问题图示
15	金属软管与电动执行器连接未使用专用接头	《电力建设施工技术规范 第 4 部分：热工仪表及控制装置》（DL 5190.4—2012）第 6.2.6 - 5 条	与设备连接宜采用金属软管两端套专用接头附件连接	
16	蓄电池接线端子未设置汇流排，无汇流排保护罩，随意对接及缠绕绝缘胶带	《电气装置安装工程 蓄电池施工及验收规范》（GB 50172—2012）第 4.1.4 条	正、负极引出电缆不应直接连接到极柱上，应采用过渡板连接。电缆接线端子处应有绝缘防护罩	

序号	问题描述	违反的标准及条款	条款内容	问题图示
17	热控箱、检修箱、照明箱等就地配电控制箱未明显接地	《电气装置安装工程 接地装置施工及验收规范》（GB 50169—2016）第3.0.4条	电气装置的下列金属部分，均必须接地： 11 电热设备的金属外壳等	
18	防火封堵材料未按要求检测	《电力建设施工技术规范 第4部分：热工仪表及控制装置》（DL 5190.4—2012）第8.1.8条	防火封堵材料应有产品合格证及同批次材料出厂检验报告，现场应进行复验	

序号	问题描述	违反的标准及条款	条款内容	问题图示
19	汽机房仪表管与蒸汽管道保温相撞	《自动化仪表工程施工及质量验收规范》（GB 50093—2013）第 8.2.6 条	测量管道与设备、工艺管道或建筑物表面之间的距离不得小于 50mm。测量油类及易燃易爆物质的管道与热表面之间的距离不得小于 150mm，且不应平行敷设在其上方	
20	DCS 机柜电缆屏蔽线单个接线鼻子线芯数量过多	《电力建设施工技术规范 第 4 部分：热工仪表及控制装置》（DL 5190.4—2012）第 8.4.12.4 条	多根电缆屏蔽层的接地汇总到同一接地母线排时，应用截面积不小于 $1mm^2$ 的黄绿接地软线，压接时每个接线鼻子内屏蔽接地线不应超过 6 根	

序号	问题描述	违反的标准及条款	条款内容	问题图示
21	煤粉取样装置阻挡通道	《电力建设施工技术规范第4部分：热工仪表及控制装置》（DL 5190.4—2012）第2.1.6条	热工仪表及控制装置应安装整齐，安装地点应采光良好，便于操作、维护，不影响运行检修通道	
22	盘柜无标识	《火电工程达标投产验收规程》（DL 5277—2012）第4.5.1-2条	盘柜的正面、背面贴有一致的双重命名和编号	

序号	问题描述	违反的标准及条款	条款内容	问题图示
23	桥架在建筑伸缩缝处未设置伸缩缝	《电力建设施工技术规范 第4部分：热工仪表及控制装置》（DL 5190.4—2012）第6.3.4条	当直线段钢制电缆桥架超过30m、铝合金或玻璃钢电缆桥架超过15m及电缆桥架跨越建筑物伸缩缝时，桥架应设置伸缩缝，其连接宜采用伸缩连接板，两端应采用截面积不小于4mm²的多股软铜导线端部压镀锡铜鼻子可靠跨接	
24	测量烟气压力的仪表管向下引出，造成管路内出现凝结水	《电力建设施工技术规范 第4部分：热工仪表及控制装置》（DL 5190.4—2012）第4.2.6条、第7.1.10条	测量气体压力或流量时，差压仪表或变送器应高于取源部件的位置，否则应采取放气或排水措施；测量粉、煤、灰、气体介质的导管应从防堵装置处向上引出	

序号	问题描述	违反的标准及条款	条款内容	问题图示
25	电缆保护管从桥架底部连接不规范	《电力建设施工技术规范 第4部分：热工仪表及控制装置》（DL 5190.4—2012）第6.2.6条	电缆保护管的连接应符合下列要求： 4　与电缆桥架、电线槽连接，宜从其侧面用机械加工方法开孔，并应使用专用接头固定	
26	真空泵仪表测量管路坡度不满足规范要求	《电力建设施工技术规范 第4部分：热工仪表及控制装置》（DL 5190.4—2012）第7.1.8条、第7.1.9条	管路沿水平敷设时应有一定的坡度，管路倾斜坡度及倾斜方向应能保证排除气体或凝结液，否则应在管路的最高或最低点装设排气或排水阀门；测量凝汽器真空的管路应向凝汽器方向倾斜，防止出现水塞现象	

序号	问题描述	违反的标准及条款	条款内容	问题图示
27	仪表管穿墙无套管，穿墙孔洞未封堵	《电力建设施工技术规范 第4部分：热工仪表及控制装置》（DL 5190.4—2012）第7.1.7条	管路敷设在地下及穿过平台或墙壁时应加保护管（罩），保护管（罩）的外露长度值为10mm～20mm。保护管（罩）与建筑物之间应密封严密，同一地点高度应一致	
28	盘柜内芯线的端头无标识	《电力建设施工技术规范 第4部分：热工仪表及控制装置》（DL 5190.4—2012）第6.5.5条	芯线在端子的连接处应留有适当的余量，芯线的端头应有明显的不易脱落、褪色的回路编号标识，标识长度及字母排列方向应一致	

序号	问题描述	违反的标准及条款	条款内容	问题图示
29	就地控制盘内防火封堵开裂	《电力建设施工技术规范 第 4 部分：热工仪表及控制装置》（DL 5190.4—2012）第 8.1.10 条	防火堵料封堵应表面平整、牢固严实，无脱落或开裂	

六、调试篇

序号	问题描述	违反的标准及条款	条款内容	问题图示
1	整套试运期间调试试验项目缺失：如变排汽温度、变润滑油温轴系振动试验等	《火电工程达标投产验收规程》（DL 5277—2012）第6.1.4条	（2）空负荷试运： 2）完成变排汽温度、变润滑油温轴系振动试验； （3）带负荷试运： 5）按要求进行甩负荷试验，测取相关参数； 7）锅炉断油（气）最低稳燃出力试验测试值达到保证值	
2	涉网特殊试验项目缺失：如发电机定子绕组端部振动特性分析、表面电位测量等	《火力发电建设工程启动试运及验收规程》（DL/T 5437—2009）第4.0.3.2条	完成全部涉网特殊试验项目，提交报告，组织验收，办理相关手续，早日转入商业运行。涉网特殊试验一般包括18个项目等	
3	电气主要试验报告无结论：如主变压器长时感应电压带局部放电试验报告等	《火电工程达标投产验收规程》（DL 5277—2012）第6.1.14条	14 重要报告、记录、签证： 7）涉网、特殊试验报告	

序号	问题描述	违反的标准及条款	条款内容	问题图示
4	启动/备用变压器受电后已由生产单位管理，未办理代保管手续	《火力发电建设工程启动试运及验收规程》（DL/T 5437—2009）第3.3.9条	与电网调度有关的设备和区域，如启动/备用变压器、升压站内设备和主变压器等，在受电完成后，必须立即由生产单位进行管理	
5	厂用带电前，全厂接地网未安装完成，全厂接地电阻试验未完成	《火力发电工程质量监督检查大纲》第5.4.6条	全厂接地电阻测试合格，符合设计要求	
6	性能试验项目不全，如缺少机组污染物排放测试、机组散热测试等	《火力发电建设工程启动试运及验收规程》（DL/T 5437—2009）第4.0.3.3条	组织完成机组的全部性能试验项目，一般包括26项试验项目	

序号	问题描述	违反的标准及条款	条款内容	问题图示
7	试运系统阀门未挂标识牌	《火力发电建设工程启动试运及验收规程》（DL/T 5437—2009）第 3.2.3.5 条	设备和阀门、开关和保护压板、管道介质流向和色标等各种正式标识牌及时配置	
8	化学药品储藏间未悬挂警示标识，调试期间需要使用大量化学药品，未严格执行化学危险品管理制度	《电力建设安全工作规程 第 1 部分：火力发电》（DL 5009.1—2014）第 7.6.2 条	化学药品使用与管理应符合下列规定： 1　化学品保存应符合出厂说明书的要求，无要求时应保持存储环境干燥、阴凉，防止阳光直晒。 2　化学品应根据性质分类放置，不可混放，并有明显的名称标识。存放地点应有化学药品的材料安全数据单（MSDS）。 3　使用化学药品时，应严格按操作规程执行	

序号	问题描述	违反的标准及条款	条款内容	问题图示
9	锅炉化学清洗至吹管结束超过 20 天，无锅炉保养方案	《电力建设施工技术规范第 2 部分：锅炉机组》(DL 5190.2—2012) 第 13.4.7 条	化学清洗结束至锅炉启动时间不应超过 20d，如超过 20d 应按现行行业标准规定采取停炉保养保护措施	
10	锅炉水压方案中无废水安全排放措施	《绿色施工评价办法 (2017)》相关规定	各种水处理、废水处理的废液排放应符合国家和地方的污染物排放标准；禁止采用溢流、渗井、渗坑或稀释等手段排放	